U0144234

喵星人的裁縫師

舒適剪裁＋超有型設計，小貓到老貓的完美穿著提案

Contents

從小母親就讓我嘗試養過許多動物。印象中我養過帶著一窩小貓出現在我家倉庫的自來貓，還領養過鄰居家狗狗生的小狗兒，也養過父親打高爾夫球時撿到的一窩小麻雀；大學時期愛上文鳥和玄鳳，後來又在動物醫院認養了兩隻貓，兩個月後意外多出了 6 隻小奶貓，當奶貓兩個月離乳後，開始幫孩子們找家，我想這應該就是我送養貓咪的啟始吧！

養貓是一種哲學，更是對生命的全新體悟。在與貓相處的過程中，我學會了寬容與耐心等候。當牠們用充滿愛的炙熱眼神看著我時，忍不住就原諒了牠們所做的任何蠢事，包容了牠們闖下的任何壞事，允許牠們破壞自己多年的規律生活。無論牠們做了什麼壞勾當，只要張著一雙無辜的、楚楚可憐的雙眼，瞬間所有氣都煙消雲散了，甚至覺得「怎麼壞得這麼可愛呀！」因為我明白，牠是我的貓，而我是牠的人！

在送養貓的過程中歷練了我的心性。我逐漸知道，我耐心守候的，是孕藏著的一股看不見的力量。當力量爆開時帶來的撼動，是那樣的振奮人心，常教我感動得涕淚縱橫。

這讓我更加相信：當你真心想做一件事時，全宇宙都會幫你的！只要我們願意，能為牠們做的事絕對比想像的更多！

　　養貓也是一種信仰，而我就像個傳播貓福音的牧師，時時刻刻向每個過往的人訴說著養貓的好處，也不斷見證貓咪帶來的奇異恩典！對我來說，送養貓也算是一種直銷概念，希望領養人認同 TNR 的價值，進而說服領養人支持並加入 TNR 的運作，希望有更多更多的下線加入行列，這樣「以領養代替購買」的福音，才能更快、更有效的傳播出去。當然在照護貓咪的過程中，我也遇到許多挫折與磨難。最讓我身心煎熬的，就是當貓咪與病魔對抗的時候，甚至不免遇上折翼天使，那種傷痛，更是刻骨銘心！

　　因為疼惜體質虛弱的貓兒，我開始學著幫牠們量身製作合身的保暖衣物。市售的寵物衣物大多是為狗兒製作，貓與狗在體型上略有差異，牠們的活動方式更是全然不同，喜歡登高跳躍的貓兒需要非常合身的衣服，才不至於影響牠們的肢體活動。

　　貓倉庫裡大大小小的貓兒正好是我實驗及示範的對象。實驗過程中，貓模特兒們，尤其是尼莫和小牛仔的 100% 耐心配合，讓我得以不停地練習，不斷地修正，直到揣摩出適合貓咪穿著的版型出來。

　　謝謝貓教我的一切，因為日日彎腰鏟屎而體會了尊重生命的態度。更謝謝這群令人著迷的貓寶貝們！因為牠們，成就了這本書。我的生命也因為牠們而更加圓滿，更加有愛！

這本書的 "貓模" 明星！

NO.1
尼莫（5）♂

2012.8.27 這一天，尼莫被中途帶到布坊教室來，希望我能領養這無家可歸的孩子，很難相信這麼漂亮迷人的孩子會被人棄養～就這樣，初次的見面，我和尼莫就成為最親密的家人了。

很快地，尼莫竄上了布坊店長的職務，負責招攬客人和周旋於眾美女之間，這來自街頭的花美男，號稱貓界的金城武，個性溫和，眼神誠懇炙熱的巨貓，非常熱衷於交際應酬，因此擁有了龐大的粉絲團。在 FB 上曾聽到尼粉說：「今天專程到布坊探望尼莫……結果買了五千多元的布！！」

不過，尼莫最大的缺點就是小心眼，無法接受帥氣的公貓，甚或驕傲的母貓，為此尼莫開始學會四處噴尿佔地盤，宣示主權，噴尿的技術也與時並進不斷地進階中，貓奴我也只能視之為寬容與耐心的磨練了！

尼莫有個非常值得表揚的優點，就是他非常會照顧貓倉庫裡的小奶貓，當他幫小奶貓仔細地洗臉、清屁股、順毛時，當他擁著失怙的小奶貓入睡時，臉上可是充滿了父愛的光芒呀！

迷失街頭找不到家人，硬是要衝進別人家門又一再被趕出來的小可憐——米果，通報後送到我這兒中途，公告一個月期間不曾有人來認領這孩子，但實在很難相信他會是被棄養的呀！

因為摺耳貓遺傳性疾病多，擔心將來會因為發病難照護的原因，又再度面臨被遺棄的命運，所以阿慈媽咪決定收編這孩子。

個性溫和、愛撒嬌又帶點兒傻氣的米果，是我身心疲累時的暖暖包，好喜歡他伸手拍拍我，討摸摸的樣子，有時候甚至覺得是自己非常渴望著他的拍拍。

他的拍拍可神奇了～真的可以拍除許多的煩憂呢！

在他的眼睛裡，我看見了炙熱的愛，或許那是對零食的渴望，但卻療癒了貓奴一天的疲憊，熨平了心裡的皺摺。

短腿族曼赤肯貓，被棄養於動物醫院的可憐孩子，或許是醫院裡不曾間斷的有貓哭狗吠聲，讓原本膽小又身心受創的撥撥更顯驚恐膽怯，只要被抱起來就會嚇得噴屎噴尿，見到人就神隱起來的孩子，更難有機會找到認養人。

因緣際會，撥撥到貓倉庫中途，熱情的小牛仔終於盼到新朋友來，狂追著他、逗著他玩，慢慢地，撥撥禁閉著的心房打開了，終於願意讓人摸摸抱抱，雖然是被動式的被抱著，我已萬分感動了。

有一天剛好請親戚到貓倉庫換裝新燈具，撥撥竟然主動地走到換裝燈具的人身邊，伸出短短肥肥的手，輕輕拍著蹲著組裝燈具的人，這神奇的孩子竟然知道對方正考慮著認養一隻貓兒，先主動出擊了！

我的親戚也因為這樣而感動，決定讓這孩子成為他們的家人。這集全家人愛於一身的孩子，到新家生活不過短短一個月時間，糾結著的眉頭終於舒展開了，眼神也不再憂鬱，他的表現十分令人驚異，簡直可以說是脫胎換骨吧！

撥撥財目前擔任燈具店的店長職務，熱衷於接待客人，參與業務討論，是個認真負責的超級店長！如果各位有換裝燈具的疑難雜症，歡迎洽詢撥撥店長喔！

　　2016.3.25 出生的蛋蛋、蛋花和阿湯哥三兄妹，剛滿月就被強迫帶離貓媽媽身邊，被強迫離乳的孩子，完全沒有小奶貓應有的圓滾滾肚皮，瘦弱的樣子讓人十分心疼，希望原主人能讓孩子多喝一個月的母乳，但與外星人溝通無效後，阿慈媽咪決定讓瘦巴巴的小奶娃到貓倉庫中途。

　　可能是來自母體的傳染疾病，再加上過早離乳、營養不足，三個孩子接續著爆發貓瘟，還好疾病發現得早，病毒量不多，孩子們都很快痊癒出院了。

　　健康活潑的蛋花湯三兄妹、搗蛋爆破三貓組，萌到爆錶的可愛模樣，很快地都找到愛他們的家人了！

2016.3.4 出生，剛離乳就被遺棄於建築工地的三兄妹，很遺憾只撈到小黑莓，遍尋不著黑莓兒的另外兩兄妹。黑得發亮的漂亮孩子，身上帶著神奇迷人的因子，圓圓的臉上，隨時都露著一對圓溜溜的眼睛，像極了魔女宅急便裡的黑貓吉吉。

活潑健康的小莓兒是我見過最好帶的小奶貓，也完全沒有適應上的問題，小黑莓的到來，最開心的就是牛仔了。因為貓瘟病毒至少會殘留半年以上，牛仔的排泄物也都可能帶著病毒，因此貓倉庫半年來都不能再中途小奶貓，小黑莓可以說是牛仔 7 個多月以來第一次見到的貓小孩，他興奮的心情是可以想像的，看他這麼地疼愛著莓兒，兩小無猜的親密互動，絕對是布坊最美的風景呀！

還沒幫莓兒發認養文，想認養她的訊息已如雪片般飛來，很慶幸幫黑莓兒尋覓了一個充滿了愛的家庭，讓患有先天疾病的黑莓兒，能得到最妥善的照護，小黑莓的風光出嫁，當然由新郎小牛仔來陪伴著囉！

2015.8.27 出生於布坊貓倉庫的小可愛，因為貓媽媽長期流浪街頭，臉上除了明顯的貓皰疹病毒病徵外，身上或許還帶著不明的傳染病，三兄妹在離乳前接連著感染了貓皰疹病毒，接著又出現貓瘟的病徵，兄妹倆都一一離世了，反而是最後出生、個頭最嬌小、最晚才開眼的他戰勝了病魔。

或許是因為經歷過貓瘟與貓皰疹病毒的磨難，造就他知命認份的溫和個性，無論誰只要抱著放鬆柔軟的牛仔，揉捏他粉嫩的肉蹼，再感受著他滿足的呼嚕震動聲，不知不覺地嘴角就上揚了，心也暖呼呼了，我想這就是貓魔法的力量吧！

因為病毒無法完全根除的關係，這孩子的體質特別敏感，特別容易感冒，所以阿慈媽咪開始幫貓兒做衣服也是為了他，希望小牛兒穿上我幫他量身製作的合身衣服後，能感到無比的舒適和溫暖。

好脾氣的牛仔可是我的最佳試穿麻豆，無論我怎麼把布料或半成品披在他身上又捏又量，他都不會抗拒，配合度 100 分，所以牛仔可以說是這本書的大功臣呢！

　　2015 年 3 月，我第一次在網路上看見雪寶的照片。那時的她沒有名字，不過是一隻在某大學附近流浪的白貓。流浪時的雪寶，每天都會到一個男大學生的宿舍等食物，那位哥哥每天都會招待她飽餐一頓；吃飽後，她會小跑步陪著哥哥散步，我猜那也許是雪寶整日最快樂的時光吧！夜深了，哥哥得回宿舍睡覺時，雪寶就像童話故事裡那位開心的公主，心裡明白 12 點的鐘聲一響，她就要變回灰姑娘了。

　　流浪的雪寶目送哥哥回宿舍後，再一個人落寞地走回她的家；而那個我稱為家的地方，不過是一個早已被雨水浸濕的爛紙箱，和一床乾了又濕、濕了又乾的髒棉被呀！也許雪寶曾經有家，所以她對人類信任，就算她可能曾遭遇背叛，真心依然不變。喜歡雪寶的哥哥沒辦法給雪寶一個真正的家，卻也捨不得雪寶每天餐風露宿，見不到雪寶的時候，心總是懸著，擔心她的安危。於是，哥哥偷偷跟蹤了雪寶好多天，才終於尋獲雪寶那個令人心酸的【家】。

　　我想，緣份總是在稍不留神的時候悄悄抵達。白貓，其實是很多人愛的，要幫雪寶找個家，理論上不難才是。哥哥的阿姨聽聞雪寶的狀況，覺得心疼，於是上網幫雪寶徵求中途或認養，可日復一日，半個月過去，竟然沒有人主動願意照顧雪寶！這可是個非常奇特的狀況。雪寶又流浪了半個月，但哥哥不想再等了，荒郊野外的生活，對雪寶來說好危險的。

　　我說，緣份真的會在祂自己選定的時空降臨。雪寶就這樣輾轉來到我家，像是一切早就安排好了似的。我一直相信，生命中發生的一切，都是宇宙為我們挑選好的故事，可能早來或者晚到，但總是會到的。

艾寶，是雪寶的獨生女兒，和雪寶一樣是一身雪白的小女孩。貓咪只生一隻貓寶寶是非常少見的情況，而艾寶就用著這樣獨特的姿態，來到地球。

艾寶天生是個恬靜穩定的女孩，不論面對什麼，總是樂觀以對。被大貓哈氣，被陌生貓揮拳，絕對逆來順受，被哈完，可以立馬像沒事發生一樣，轉身繼續找樂子去。不過，這樣恬靜溫柔的艾寶，一旦發現乾乾以外的食物，絕對會一秒變身慓悍少女！

只要是食物，不管人吃的貓吃的，管它苦的辣的甜的鹹的，艾寶絕對會耐心守在食物半徑 10 公分之內的領域，趁著阿罵我恍神之時伺機奪取，並以百米速度帶著贓物落跑。本人已被搶行盜取過雞腿、披薩、蛋糕、肉泥條……，實在無辜。

除了搶取豪奪食物的本事之外，艾寶特別鍾愛偷竊抹布，是，就是那清潔用的抹布！

當她還是小娃兒，跑不快跳不高的呆萌時期，就經常把我工作推車上的抹布偷偷叼到角落藏匿。當小娃兒逐漸長大之後，飛天遁地對艾寶來說，已經是蛋糕一片。每天半夜，艾寶就會使出深厚的軟骨功力，穿越廚房門上那寬度比她身體還小的格柵縫隙，不辭辛勞的把一條條掛在廚房的抹布，通通叼到客廳。最高紀錄是一晚偷了八條抹布，意思就是，艾寶一個晚上來來回回穿越那高難度的柵欄關卡，總共 16 次！肯定是一個毅力過人的高智商女賊，我都想頒發榮譽獎章給她了～

2013 年，當小獅子還是小奶娃的時候，與他的姊妹們一起被民眾送進收容所。人工照料的奶貓，存活率本就不高，經過一番努力，最後只有小獅子幸運活了下來。

長大成貓的小獅子，體格比起大部分的成貓都壯碩，初次與他見面，肯定會以為他是個雄壯威武的猛男，不過熟識之後，你的以為會整個被顛覆。小獅子 Man 爆的外表下，卻天生配備了冬陽般的溫暖情感，棉花般的柔軟性格，海洋般的包容力。

他總是樂於照顧共同生活的中途貓們，尤其是特別需要陪伴照護的貓，無怨無悔地。他大方地提供口腔期不滿足的的小貓哺乳服務，體貼地幫癱瘓貓咪清理身體，熱心地幫坐月子的貓媽媽（雪寶）照顧貓嬰兒（艾寶），還兼任四處暴衝的惡魔期幼貓 24 小時安親褓姆，根本是位舉世無雙、功能齊全的無敵暖男。

而且，小獅子是個可塑性極高的男模喔！雖然他看起來很 LOCAL，但是只要一穿上葉老師的手做衣，保證台客一秒變文青！這次新書拍照，前一分鐘還文青裝扮的獅子，轉身脫下衣服路過攝影師的時候，攝影師竟然問：咦？這隻巨貓是誰？剛剛怎麼都沒見到他？那個…攝影師葛格，人家一分鐘前還在你的鏡頭前面當模特而已，怎麼一分鐘後你就忘記我了……

能夠如此百變到讓人無法分辨的男模，八成也只有小獅子辦得到吧！

莢莢是被民眾送進收容所的小奶貓，從收容所接出他們的時候，大概兩周齡大，正是嗷嗷待哺的天然萌時期呢！

幫他們取名字的時候，腦袋浮現的主題是小豆苗，所以這窩五隻小奶貓的名字都跟豆子有關，因而莢莢得到了這個有點怪異的乳名。

莢莢穿著淺淺的灰色毛衣，獨特又美麗。莢莢的神情總是參著淡淡的憂鬱，習慣安靜的坐在一旁看著世界，不積極參與也不抗拒融入，用著她專屬的節奏，過著她的小日子。

莢莢不愛說話，但偶爾會對著我叨叨絮絮的訴說，音調慢慢的柔柔的，像是傾訴著她不輕易讓人知道的心事，這樣的莢莢總讓人忍不住想多愛她一些才夠。

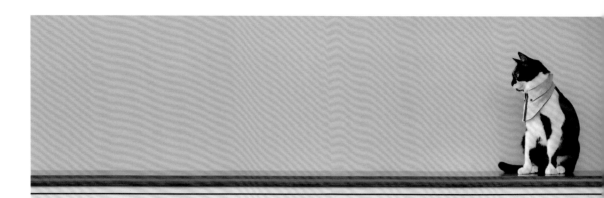

彎彎是朋友撿到的幼貓，因為外型不討喜，送養好久都乏人問津，所以輾轉來到我家。彎彎會送養困難，其實也情有可原啦！因為要幫彎彎拍一張夢幻美照，是真的有點難度。

不論是白天拍還是晚上拍，站著拍躺著拍蹲著拍，照片裡的彎彎就是呈現討債狀態，一張臉左看右看就是像個匪類！要不就眼珠子往上吊，不然就是下巴那一大搓黑毛彷彿落腮鬍，讓她看起來總像個土匪，臉上那超大片的黑色妙鼻貼，總讓她的鼻子看起來比成龍還……。連張迷人甜美的照片都拍不出來，就算放上送養網站，是要怎麼跟那些夢幻萌呆的小幼貓競爭呢！

但上帝總是公平的，雖然彎彎沒有一般人認為的美麗外表，但她有一顆溫柔的心和直率的個性。

每天，她總是靜靜的呆在她喜歡的位置，默默看我整日來來回回忙著，無時無刻都在注意我的動態。只要我一有時間坐下來喘口氣，彎彎就會立刻熱情地湊到我身邊，喵嗚喵嗚的說個沒停，八成是在問我忙完了嗎？累不累呀？然後使勁的在我身上磨蹭踩踩踏踏，讓我知道她有多喜歡跟我在一起。

這樣真情流露的彎彎，讓人喜歡也讓人疼愛，是一個讓人無法不愛她的傻女孩呀！

小雪曾經是個母親,她和四個哺乳期的寶寶被捉進了收容所。因為受到太大的驚嚇,小雪一直躲在角落,不肯照顧嗷嗷待哺的寶寶。遇見他們的時候,寶寶其實是在另一位虎斑貓媽媽的懷裡,當下根本不知道寶寶是小雪的,但因為她也有脹奶的現象,所以就乾脆把兩位貓媽媽和四個寶寶一起帶出來再說了!

在我家安頓之後沒多久,發生了很奇妙的事!小雪開始不停的對虎斑媽媽怒吼,而寶寶們不知何時,已經全都跑到小雪懷裡喝奶了……。原來,小雪才是寶寶的親生媽媽,而虎斑媽媽只是偶然相遇的臨時褓姆呀!小雪是個認真的母親,每日每夜都緊緊摟著孩子,無微不至的。而命運總是充滿未知與衝擊,孩子們在兩個月大的時候,因為突然的傳染病,四天內相繼離世,留下錯愕與心碎的小雪。

之後,小雪生了一場重病,在醫院住了將近一個月,情況之不樂觀,讓我以為連小雪也要跟著離開了。還好,並不是每一則故事都是悲劇收場。小雪痊癒了,像是脫胎換骨似的,整個貓開朗了起來。小雪喜歡我靠近她,邊摸摸邊跟她說話,身心舒暢的時候,會敞開她的肚肚跟我分享。

小雪是個自信心低落的女孩,從來不敢跟其他貓們一樣爭先恐後地來找我摸摸拍拍,她總是默默的坐在一旁看著等著,當我遠遠地與她四目相望時,總能看見小雪眼中閃爍著熱切的光芒,她是多麼希望我也可以過去摸摸她,只是她不敢要求也不敢爭取。這樣一個沉默善良的女孩,過往在街上流浪的日子,不知道吃了多少苦頭,讓她這樣,想被愛卻躊躇著。

小雪的年紀可能不小了,左手的殘缺讓她走起路來也不太靈光,這樣先天不足後天失調的貓,要被認養的機率是很低的。小雪跟在我身邊也有兩三年了,我不急著幫她找家,如果有一天她的真命天子出現了,我會很開心的祝福她,但就算沒有,我也願意就這樣陪她慢慢變老。

A 怎麼幫貓咪量身？

POINT1

丈量三圍及背長時，要讓貓咪以四肢站立著的姿勢來量。

POINT2

幫貓咪量身時，皮尺需緊貼著毛髮丈量，才能得到比較準確的尺寸。若長毛貓則必須加上毛被的厚度。

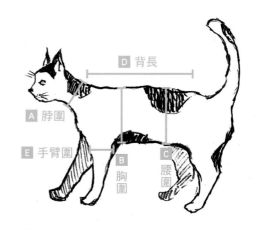

D 背長

A 脖圍

E 手臂圍

B 胸圍

C 腰圍

A 脖圍

為了衣服或頸圈穿戴舒適，實際製作尺寸，會比量出的脖圍大約多加 3 公分。

B 胸圍

胸圍指前肢胳肢窩下繞一圈的長度。

C 腰圍（腹部）

貓咪體型最大的差異在於腹部。即便頸圍相同，腹圍的大小差異可大了，大腹便便可說是成熟貓的表徵喔！

D 背長

大概從脖子量到身長 2/3 處。

E 手臂圍

對應袖口的寬度。貓咪動作靈活，所以要注意衣服袖口不要挖太深、太寬，以免貓咪穿上後容易掙脫。

A	B	C	D	E
CM	CM	CM	CM	CM

B 幫貓咪做衣服要注意什麼？

POINT1

不同品種的貓咪，體型比例各有差異，比如「曼赤肯貓」是短腿基因的貓，就不適合穿有袖子的衣服。

POINT2

貓與狗最大的差異在於貓不適合穿太長的衣服，更不適合穿有褲管的褲裝，畢竟他們活動的方式是不一樣的。

POINT3

一般來説，貓咪比較適合穿著短版的上衣或裙子，尤其腹部的設計不宜長過1/2，才能活動自在。

C 哪種布料適合靈敏的貓咪呢？

POINT1

寒冷潮濕的冬季適合採用柔軟溫暖的珊瑚絨，為貓咪製作保暖的背心外套或圍巾。

POINT2

夏天則適合選用柔軟的彈性針織布料，或是輕薄透氣的純棉布料來做襯衫或洋裝。

POINT3

在冷氣房內也需幫容易感冒體質虛弱的貓孩子，注意保暖，這時候輕薄透氣的無袖背心就很適合囉！

POINT4

特別是萊卡材質的布料，彈性與伸展性都很好，不容易變形，即便做成貼身的衣服，貓咪穿上後還是能伸展自如。

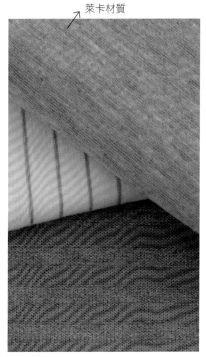

萊卡材質

▲針織布料。

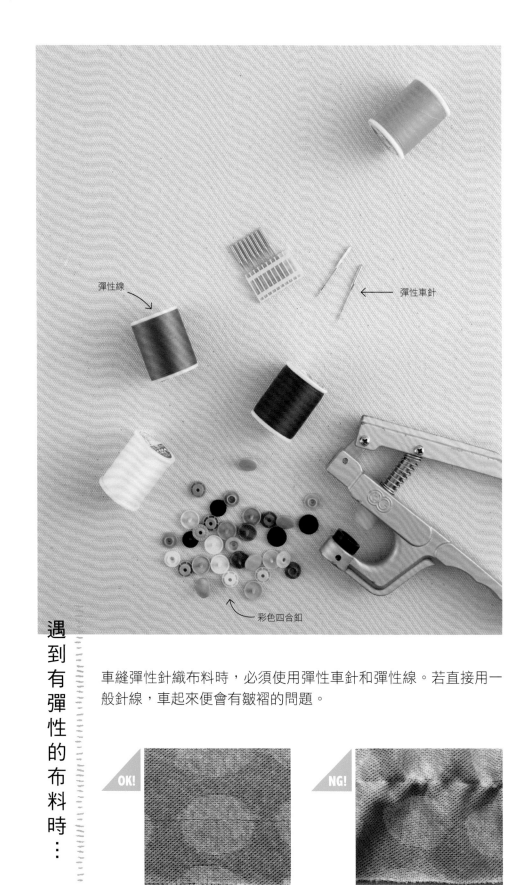

彈性線

彈性車針

彩色四合釦

遇到有彈性的布料時…

車縫彈性針織布料時，必須使用彈性車針和彈性線。若直接用一般針線，車起來便會有皺褶的問題。

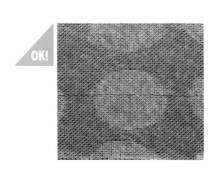

OK!

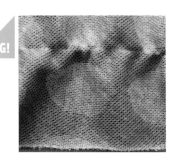

NG!

彩色四合釦的釘法

塑料材質的四合釦比一般的更輕薄，不會造成貓咪衣服的重量負擔，而剛好的扣緊度，當貓咪掙脫時容易鬆脫，更為安全。

[1] 四合釦的打法

01 手壓式打扣機，有三種尺寸的下模。

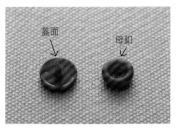

02 蓋面與母釦。

03 蓋面在下，套上母釦。

04 以打扣機壓緊即可。

05 完成母釦。

[2] 同樣打法完成公釦

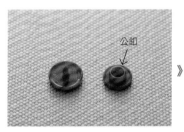

06 蓋面與公釦。

07 蓋面在下，放上公釦，一樣打法即完成。

使用安全磁釦的水手頸圈，設計簡單大方，
貓咪穿戴上這款適應度極佳，連雄壯威武的猛男小獅子，
戴上水手頸圈後完全是斯文小生的模樣呀！

▶ ▶ P032

穿上加了蕾絲的圓領襯衫頸圈，
小雪變得更有自信也更美了～

在襯衫領圈上加個領帶，造型更正式；
像是準備迎娶的新郎，也像參加會議的大老闆，
只不過尼莫的眼神，怎麼看起來像談判失利的業務呀！

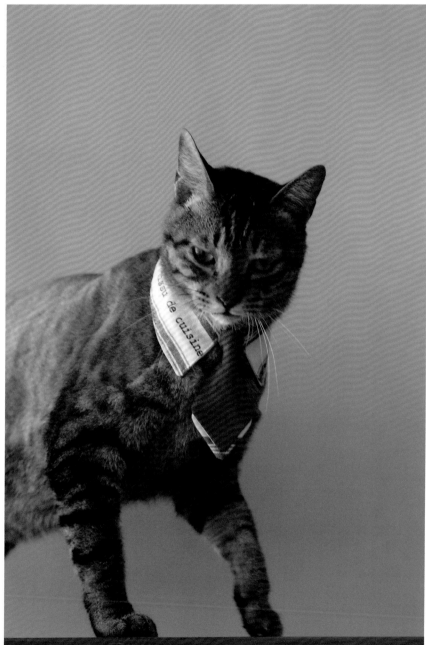

水手頸圈加上領帶又是不一樣的造型，
穿戴上條紋襯衫頸圈、再打個領帶的小獅子，
似乎多了一分帥氣呀！

▶ ▶ P034

▶ ▶ P039

紅格紋襯衫領圈，讓小雪顯得精神奕奕！

牛仔風格的襯衫領圈很適合看起來中性的彎彎，
誰說彎彎拍照不美的呢？
那得看攝影師是誰呀！

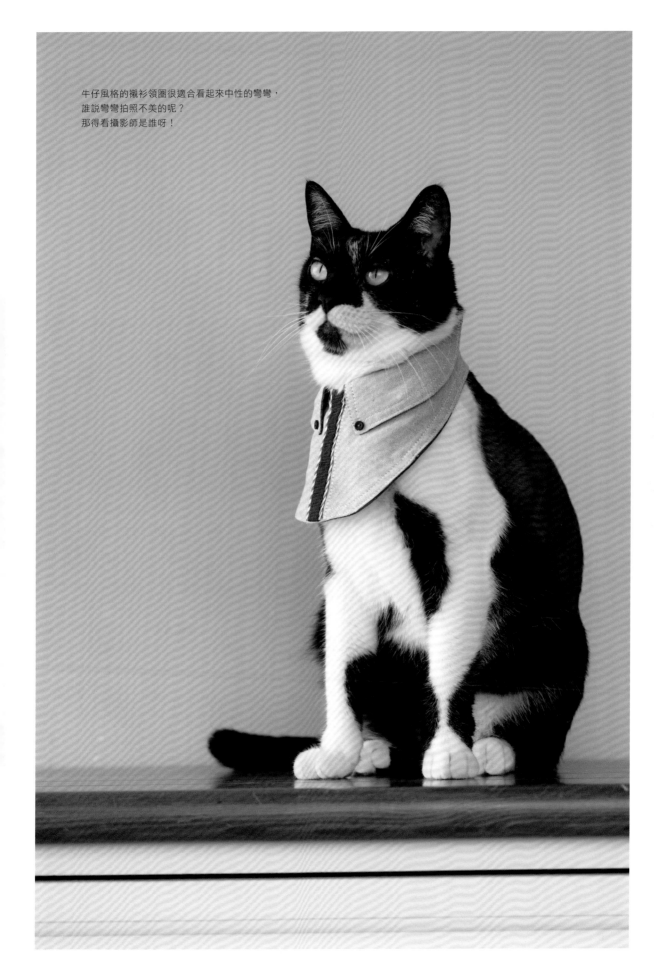

採用鬆緊帶的蝴蝶結頸圈，
加上小小鈴鐺，除了裝飾，
還有警示有喵出沒的重要作用喔！
戴上蝴蝶結頸圈的小奶貓，萌度快要破錶啦～

▶ ▶ P036

蛋花湯三兄妹裡唯一的男生～阿湯哥，
男生也可以蝴蝶一下唷！

iten 01

水手領圈

● 適穿於頸圍約 22cm 的貓咪

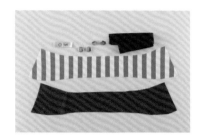

［紙樣 A 面］

材料

表布…25×10 ㎝

裡布…25×10 ㎝

織帶…30 ㎝

安全磁釦…1 組

[1] 製作領子

01 在裡布正面車上布標。

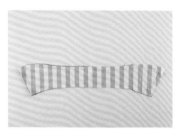

02 表裡布正面相對，車縫左
右及上邊。

03 左上角及右上角剪芽口。

	[2] 壓裝飾線	[3] 滾上織帶
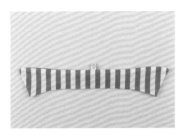	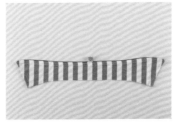	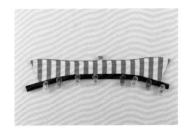
04 翻至正面。	05 沿著邊緣三邊壓雙線裝飾固定。	06 開口處包覆人字織帶。

		[4] 加上磁釦
		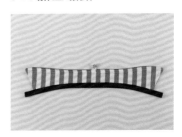
07 織帶兩端內折1公分。	08 沿織帶邊緣車縫固定。	09 完成領圈。

正反面皆可使用喔。

10 織帶兩端釘上安全磁釦即完工。

item **02**

領帶頸圈

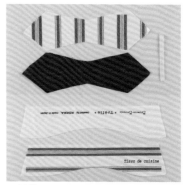

[紙樣 A 面]

材料

領子表布…8×35 ㎝

領子裡布…15×35 ㎝

領帶布…7×24 ㎝

鬆緊帶（1 ㎝寬）…4 ㎝

🐾 適穿於頸圍約 22cm 的貓咪

HOW TO MAKE

[1] 領子車縫

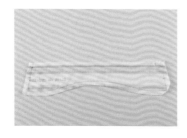

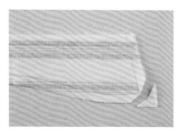

01 領子表裡布正面相對車縫
　　一圈，兩側預留約 2cm 不
　　車縫。

02 兩側剪芽口。

[2] 穿入鬆緊帶固定

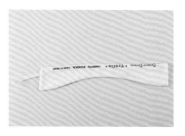

03 返至正面，先在一側預留
　　開口處塞入 1cm 寬的鬆緊
　　帶車縫固定。

[3] 製作領帶

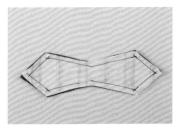

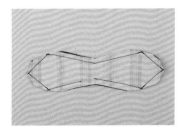

04 再將另一端鬆緊帶塞入另一邊的領子開口車縫固定。

05 領帶表裡布正面相對車縫，留一返口。

06 兩邊修剪芽口。

[4] 組合領帶及領子

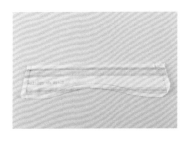

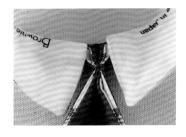

07 返至正面燙平，縫合返口。

08 將領帶套在領口鬆緊帶上。

09 於背面縫合固定領帶。

10 正面完成的樣子。

different style !

item 03

蝴蝶結圈

🐈 適穿於頸圍約 10cm 的貓咪

\\\ first to do ///
依版型剪下所需的布料

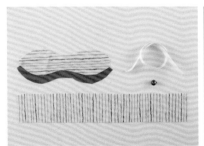

[紙樣 A 面]

材料

表布…12×30 ㎝

鬆緊帶…15 ㎝

[1] 蝴蝶結車縫並翻正面

01 車縫紅色蝴蝶結一圈,留
　　返口;長條狀布條對折,
　　車縫短邊。

02 上下剪芽口,左右兩角剪去
　　多餘的布。

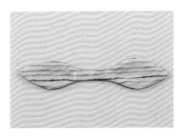

03 蝴蝶結翻至正面。

[2] 快速車縫翻轉的技巧

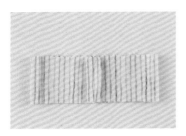

04 縫份張開並置中。

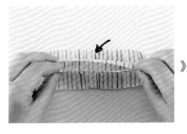

05 依圖示,將上層布往內捲起來。

06 下層布往上折,將上層捲
　　起來的布包覆起來。

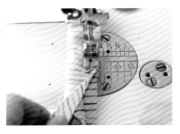

07 由縫份接縫處開始車縫。

08 邊車邊慢慢將包覆在裡面
　　的布拉出。

▶▶ next page

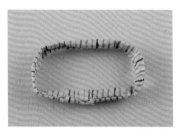

09 車到最後約預留2cm返口。

10 由返口翻至正面來。

11 穿入鬆緊帶。

12 決定鬆緊度後，再剪所需
長度。

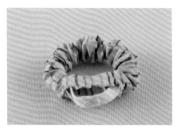

13 將鬆緊帶兩端縫合。

14 縫合返口。

[4] 綁上蝴蝶結

15 將蝴蝶結綁在頸圈上，調
整好角度。

16 縫上鈴鐺。

item 04

襯衫領圈

＼＼ first to do ／／
依版型剪下所需的布料

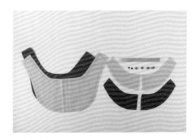

[紙樣 A 面]

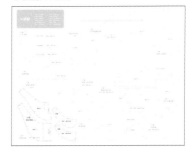

材料

表布…40×40 ㎝

裡布…40×35 ㎝

裝飾鈕…2 顆

四合釦…1 組

裝飾緞帶…16 ㎝

😺 適穿於頸圍約 25cm 的貓咪

[1] 製作襯衫

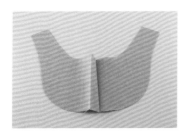

01 襯衫表布依記號摺燙。

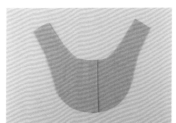

02 沿兩側邊緣車線裝飾。

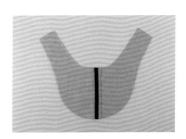

03 再車上裝飾緞帶。

▶▶ next page

[2] 縫製領子

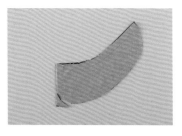

04 一對領子表裡布依圖示車
縫。

05 依圖示剪轉角芽口。

06 返至正面後壓線裝飾。

[3] 組合領子與襯衫

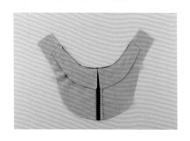

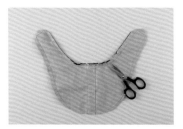

07 將領子置於襯衫表布頂端，
並疏縫固定。

08 襯衫表布與裡布如圖示車
縫。

09 轉彎處剪芽口。

[4] 壓裝飾線及加上釦子

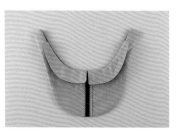

10 由返口翻至正面。

11 燙整。

12 依圖示壓線裝飾並固定襯
衫。

13 領口縫上裝飾鈕釦。

14 兩尾端釘上四合釦。

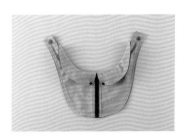

15 完成襯衫領圈。

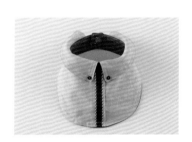

16 扣上尾端四合釦。

different style !

特別為貓兒設計這款穿脫容易的洋裝，
並得考慮裙襬不能影響貓兒奔跑跳躍的習慣，
穿上藍色水玉洋裝的小艾寶，
終於有青春美少女的模樣了！

▶ ▶ P072

氣質優雅出眾的
奧黛莉·艾寶～

穿上點點黑紗蓬蓬裙的雪寶，
像極了雍容華貴的少婦呀！

藍底小碎花的洋裝
在雪白的毛色下顯得更優雅了。

幫小奶娃設計漂亮舒適的衣裳，
初心是希望讓送養加分，
穿上迷你芭蕾舞蓬蓬裙的小奶娃，是不是
更萌了呢？
跳完舞累了 Zzzz⋯

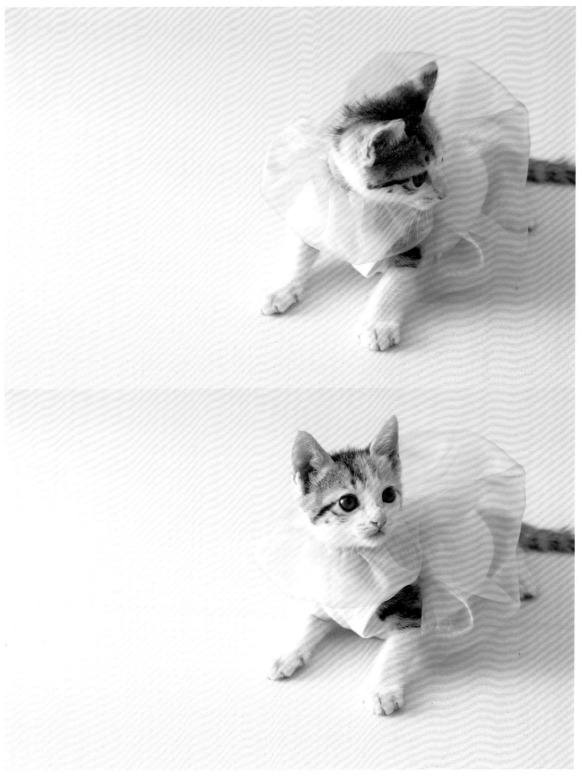

▶ ▶ P074

 再戴上有安全釦的薄紗頸圈，
小可愛們更夢幻了～

夏威夷襯衫設計上必須考慮前襟不能過長，
避免影響貓咪的行動。

穿上夏威夷花襯衫的尼莫，
怎麼感覺像喝過多啤酒的山姆大叔呢？
尼莫 .... 是不是該考慮減肥了？

▶ ▶ P076

穿上小碎花女孩兒襯衫，再戴上小草帽的艾寶，
是不是準備出門喝下午茶了？

穿上花襯衫的小獅子，
心不在焉 .... 莫非想泡妞了？

▶ ▶ P062

針織彈性布料的柔軟舒適性，
最適合為貓兒做衣服了，
穿上立領海洋風 T 恤的還是獅子唷！
這神奇的孩子還真是穿什麼像什麼呀！

米果愛穿衣服，是我設計貓衣服時的最佳試穿員。
這件立領條紋 T 恤穿在他身上真是好看呢！
一般摺耳貓的關節活動力較差，
更需要慎選彈性佳、伸展性好的萊卡材質，
讓貓兒穿著依然活動自如。

薄印花針織布料，質地柔軟透氣，
很適合製作小女孩的夏天洋裝喔！

炎炎夏日 就該擁有一件吊嘎！
小獅子穿上條紋吊嘎，
馬上變 Man 了！

女孩兒樣的吊嘎,也是可以很秀氣的~
穿上吊嘎的雪寶準備去健身房運動囉!

▶ ▶ P066

採用伸展性好、手感平滑的萊卡棉，
幫貓兒製作有袖子的連帽T，
提高了衣服的舒適感和合身感，
讓衣服在貓咪身上伸展自如，且能隨身而動。
活力十足的牛仔和小黑莓，
最適合這樣的穿著啦！

珊瑚絨輕柔溫暖的特性，
最適合在濕冷的冬季，
幫貓孩子做件保暖的背心外套了，
小奶貓更需要注重保暖唷！

▶ ▶ P079

 ▶ ▶ P064

夏天到了，
特地幫尼莫店長做一件海洋風的條紋 T 恤，
讓他帥帥的周旋在客人之間。

item 05

海軍立領條紋 T

[紙樣 A 面]

🐾 適穿於約 5kg 的貓咪 ／ 領圍約 30cm

材料

條紋針織布…60×75 cm

領口…31(1)×5(1)cm×1 片

HOW to MAKE

[1] 先將布標固定於後片

01 將布標車縫於衣服後片的
   適當位置（或喜歡的位
   置）。

[2] 前後片拷克並接縫脇邊

02 如圖拷克前後片的兩脇邊。

03 拷克後接縫前後片的兩脇
   邊。

[3] 袖子拷克並接縫

04 先拷克兩片袖子的袖口。

05 再將袖子的兩側接縫起來，並將側邊拷克。

[4] 組合袖子

06 袖子與衣服的本體組合起來。

[5] 領口布車縫

07 袖子接縫處也需拷克。

08 領口布條正面相對後，將兩端接縫起來。

09 將車成圈狀的布條對摺後，再與領口接縫一圈。

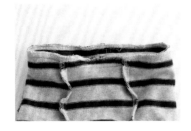

10 如圖所示，接縫處拷克一圈。

11 兩袖口與衣服下襬的縫份內折 1cm 後再車縫固定。

item 06

舒服的無袖 T

\\\ first to do ///
依版型剪下所需的布料

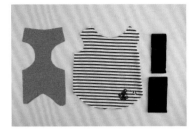

[紙樣 A 面]

材料

條紋針織布…55×50 cm

包邊布 ┌ 領口…25(1)×4(1) cm×1 片
　　　├ 袖口…23(1)×4(1) cm×2 片
　　　└ 下襬…42(1)×6.5(1) cm×1 片

🐱 適穿於 4-5kg 的貓咪 / 頸圍 26cm、胸圍 42cm

---

[1] 貼上布標

01 將布標貼燙於後片正面的喜好位置上。

[2] 結合前後片

02 拷克前後片的肩線及脇邊。

03 接縫肩線及脇邊。

[3] 準備滾邊布

04 裁剪領口及袖口所需的彈性布料做滾邊用。

05 將滾邊兩端接縫成圈狀。

[4] 袖口滾邊

06 將兩邊的袖口滾邊對折後，與袖口接縫一圈。

07 再將袖口接縫處拷克起來。

[5] 領口滾邊

08 領口滾邊一樣對折後，與領口接縫一圈。

09 接縫完成的領口滾邊也需拷克起來。

[6] 下襬滾邊

10 下襬滾邊布接縫成圈狀。

11 一樣對折後與下襬接縫一圈，並拷克起來。

12 T恤完成的樣子。

▶▶ next page

item 07

好涼快吊嘎

\\\ first to do ///
依版型剪下所需的布料

🐾 適穿於 3-4kg 的貓咪 / 頸圍 20cm、胸圍 32cm

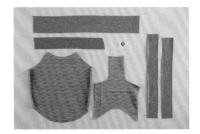

[紙樣 A 面]

材料

肩帶…36×4cm×2 條
彈性針織布…40×60 ㎝

[1] 拷克脇邊

[2] 前後片領口包邊

01 先拷克前後片的脇邊,後片依紙型車縫摺線。

02 於後片正面領口處車縫包邊。

03 前片正面領口也車縫包邊。

[3]前後片接縫脇邊

04 如圖拷克包邊的另一側。

05 將包邊往內包住領口,並於 8mm 處車縫固定。

06 接縫前後片兩側的脇邊。

[4]袖口包邊車縫

07 兩側的 4cm 包邊布,先將兩端接縫成圈狀。

08 將包邊接縫處對齊前後片接縫的地方,車縫固定於前後片表布約 1cm 處(彈性滾邊稍微拉緊)。

> **POINT**
>
> 前片與後片之間的包邊需空出 4cm 不與衣服前後片車縫在一起。

[5]車縫下襬滾邊

09 將包邊內折 1cm 後,再對折包覆於前後片裡布的車縫線上;沿包邊邊緣約 2mm 處車縫一圈。

10 將下襬滾邊兩端接縫成一圈。

11 下襬包邊對折後,與衣服下襬車縫一圈。

▶▶ next page

12 再將下襬接縫處拷克起來。　13 衣服完成的樣子。

different style！

item 08

輕薄連帽 T

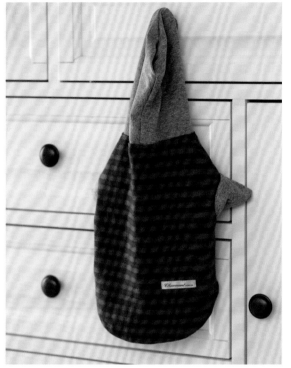

［紙樣 A 面］

材料

條紋針織布⋯55×30㎝

素面彈性布⋯20×60㎝

🐾 適穿於約 4kg 的貓咪 ／ 頸圍 24cm、胸圍 34cm

［1］前後片拷克及接縫

01 先拷克前後片的肩線及脇邊。

02 將布標車縫於衣服後片右下方處。

03 接縫前後片肩線及脇邊。

▶▶ next page

[2] 帽子拷克

04 如圖所示，將兩片帽子弧度的地方車縫起來。

05 再沿車縫處拷克。

06 帽口拷克完成後，再內折2cm並壓線裝飾固定。

[3] 縫製袖子

07 袖子如圖所示，對折後車縫V字形，V字凹處需剪芽口。

08 再將袖子開口的一邊往另外一邊對折後，並對齊袖口布的邊緣疏縫固定。

09 袖子完成的樣子。

[4] 接合袖子與衣服

[5] 接縫帽子

10 再將袖子與衣服袖口接縫起來，另一側亦同。

11 將車縫完成的袖子拷克起來，下襬也一起拷克。

12 將帽子前端兩開口對齊衣服前片中心點；帽子後中心接縫處也對齊衣服後片的中心點。沿縫份1cm處車縫一圈。

13 再將接縫處拷克一圈。

14 將帽子縫份往衣服方向倒，再沿領口壓縫一圈。

15 壓縫完成的樣子。

16 將衣服下襬往內折 1cm 後，再車縫固定起來，帽 T 即完成囉！

item 09

女孩兒點點洋裝

\\\ first to do ///
依版型剪下所需的布料 ✂

[紙樣 A 面]

材料

表布⋯110×24 cm

裡布⋯20×40 cm

四合釦⋯3 組

緞帶⋯46cm×2 條

🐾 適穿於 3-4kg 的貓咪 / 頸圍 20cm、胸圍 30cm

HOW to MAKE

[1] 製作打褶的裙子

01 先拷克裙襬下緣。

02 使用最大針目車疏縫裙襬
上緣一道。

03 拉起其中一條車線,讓裙
襬形成皺褶。

[2] 車縫洋裝上衣

04 洋裝上衣表裡布正面相對，依圖示車縫起來。

05 依圖所示，於弧度轉彎處剪芽口。

06 將上衣返至正面並燙整。

[3] 組合上衣及裙子

[4] 加上緞帶跟釦子

07 將抽皺褶後的裙襯依記號固定於上衣表布上。於1cm處車縫一道。

08 將上衣裡布 1cm 縫份往內摺燙後，再沿邊緣約 0.2cm處壓縫固定。

09 於上衣表面沿裙襯上緣車縫緞帶裝飾。

10 依記號處釘上四合釦即完成洋裝囉！

item 10

迷你芭蕾蓬裙

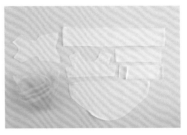

[紙樣 A 面]

材料

領口…18(1)×2.5(1) cm×1 片

袖口…16(1)×2.5(1) cm×2 片

裙襬…32(1)×5(1) cm×1 片

薄紗…30×120 cm×1 條

彈性針織布…55×40 cm

🐾 適穿於約 1.5kg 的貓咪 ／ 頸圍 10cm、胸圍 20cm

HOW to MAKE

[1] 先將薄紗拷克

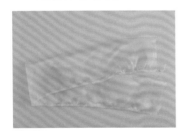

01 將長條薄紗對折後並拷克。

[2] 薄紗與裙襬抽皺摺

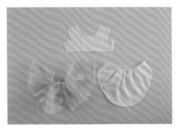

02 裙襬與薄紗用最大針目疏
　　縫一道；並抽皺折與上衣
　　下襬同寬。

[3] 組合裙襬與上衣後片

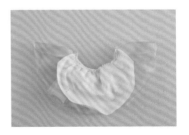

03 如圖所示，將薄紗與裙襬
　　一起車縫固定。

04 將裙襬與上衣後片接縫固定。

05 再將接縫處拷克起來。

06 裙子後片與前片先接縫肩線。

[5] 接縫滾邊布

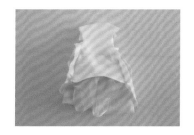

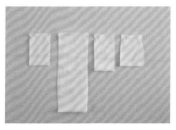

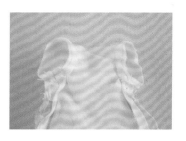

07 再接縫兩側脇邊。

08 裁剪所需滾邊後,每一條都先將兩端接縫起來。

09 將滾邊布對折後,與兩袖口 1cm 處車縫一圈。

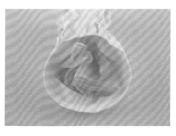

10 領口滾邊布一樣對折後,與裙子領口接縫一圈。

11 裙襬滾邊布也對折後,與裙襬固定車縫一圈。接縫處都需要拷克起來。

12 小小蓬裙完成的樣子。

▶▶ next page

item 11
夏威夷襯衫

\\\ first to do ///
依版型剪下所需的布料

[紙樣 B 面]

材料

印花棉布…40×60 ㎝

配色素布…30×8 ㎝

薄布芯…3×22 ㎝×2 片

四合釦…4 組

適穿於頸圍 23cm、胸圍 33cm 的貓咪

HOW to MAKE

[1] 前襟、厚片及袖子拷克

01 前襟左右片依圖示位置燙貼薄布襯後，再拷克肩線、脇邊和中心線。

02 後片拷克肩線及脇邊。

03 袖子拷克袖口即可。

[2] 製作襯衫領子

04 襯衫領子表裡布正面相對，如圖示車縫左右及上面。

05 將領子返至正面燙整後，再沿邊緣壓線裝飾固定。

[3] 前後片接縫袖子

06 前後片接縫肩線，縫份張開燙平。

07 如圖所示接縫袖子。

08 再將袖子車縫處拷克起來。

09 左右袖子接縫完成的樣子。

[4] 領子與後片接合

10 將領子中心點對齊後片中心點，依序固定於襯衫上緣後，在約 1cm 處車縫一道。

11 前襟貼襯處為折線，依圖所示，車縫對折處上緣的縫份線。

12 依圖拷克領口及前襟一整道線。

▶▶ next page

[5] 車縫袖子、脇邊及下襬

13 將前襟貼襯處返至正面後燙整，並將袖子及脇邊車縫起來。

14 襯衫下緣 1cm 縫份都往內燙平。

15 沿襯衫四周邊緣約 5mm 處壓縫裝飾固定。最後再將袖口 1cm 縫份往內摺燙並車縫固定。

[3] 縫製袖子

16 釘上四合釦即完成襯衫囉！

different style！

item 12

背心外套

\\\\ first to do ////
依版型剪下所需的布料

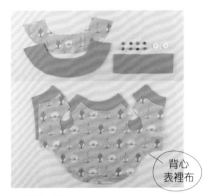

背心
表裡布

[紙樣 B 面]

材料

刷毛布…50×50 ㎝
裡布…50×50 ㎝

🐱 適穿於 2-3kg 的貓咪 ／ 頸圍 18cm、胸圍 30cm

[1] 製作領子

01 領子表裡布正面相對，依
圖示車縫兩側及下緣。

02 轉角處剪芽口後再翻至正
面。

03 沿車縫完成的三邊緣約
0.5cm 處，壓線裝飾固定。

[2] 製作背心部分

04 背心表裡布正面相對，依
圖示車縫兩側、袖口及下
緣。

05 轉角處剪芽口，轉彎弧度
的地方也要剪芽口。

06 將背心翻至正面 稍微燙
整。

[3] 車縫肩線

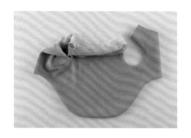  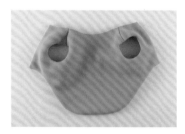

07 背心肩線表布對齊表布，
裡布對齊裡布。

08 正面相對用珠針固定後再
車縫起來。兩個肩線作法
相同。

09 肩線完成後表面的樣子。

[4] 領子結合背心

  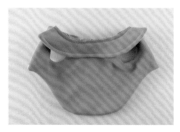

10 肩線完成後裡面的樣子。

11 將領子正中央對齊背心表
布後片的正中央。再依序
將領子用珠針固定於表布
上。

12 沿領子上緣 1cm 處，將領
子車縫固定於背心表布上。

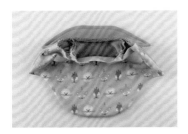

13　領子車縫完成後的樣子。

14　將背心裡布上緣的 1cm 縫份內折，對齊領子車縫線，並用珠針固定。

15　利用藏針縫方式，手縫完成背心裡布與領口。

[5] 製作裝飾布

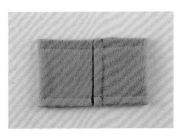

16　裁 6x22cm 布條，依圖示兩側往中心點對折。車縫布料的上下緣約 1cm 處。

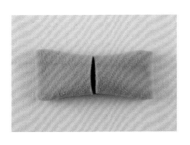

17　由中心開口返至正面。

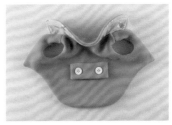

18　將完成的長方形裝飾布置於背心表布的正後方。再連同釦子將裝飾布塊縫合固定於背心後方。

[6] 加上釦子

19　依記號，將四合釦釘上背心前襟。

寒冷多雨的冬季，
寶貝們就該擁有一件溫暖的斗篷外套，
即便無法出門逛街，例行性到醫院檢查時，
也要穿戴美美的呀！

▶ ▶ P094

穿上和服外掛的尼莫，
似乎出現了日本武士的氣勢呀！

▶ ▶ P096

然而穿上和服外掛的小獅子，
怎就像落魄的流浪漢呀？

小獅子再變身為戴上貓圍巾的暖男嚕！

▶ ▶ P092

戴上青蛙帽的撥撥財臉好囧呀～
撥撥財是曼赤肯貓，他們的特色就是腿短，
所以只適合穿著無袖短 T 囉！

 ▶ ▶ P099

▶ ▶ P089

戴上英倫風毛帽的小獅子，
搖身一變…竟化身為義大利黑手黨了，
但也實在是壞得迷人呀！

item 13

🧶 英倫風毛帽

🐱 適穿於頭圍約 24cm 的貓咪

\\\\ first to do ////
依版型剪下所需的布料

[紙樣 B 面]

材料

表布 A···18×25 ㎝
表布 B···15×40 ㎝
裡布···27×50 ㎝

[1] 車縫帽簷 A

01 帽簷 A 表裡布正面相對後，依圖車縫下緣。

02 車縫弧度處剪出三角形的芽口。

03 將帽簷返至正面。

[2] 車縫 B 表裡布

04 再沿帽簷邊緣約 0.3cm 處，車縫裝飾線固定。

05 表布 B 與裡布 B 分別縫合尾端 V 字形開口。

06 B 表裡布的縫份倒向同一側；並於縫份倒向處邊緣壓線固定。

[3] 表布 B、C 結合

07 表布 B 與表布 C 依記號接縫，並於一側夾縫布標。

08 表布 B、C 接縫完成的樣子。

[4] 正面壓裝飾線

09 縫份倒向 B 布，並沿車縫線約 0.2cm 壓縫裝飾固定。

10 壓縫完成後的樣子。

[5] 裡布 B、C 結合

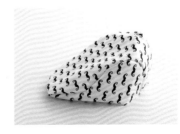

11 裡布 B 與裡布 C 依記號接縫完成。

[6] 組合帽身與帽簷

12 裡布完成的樣子。

13 表布前中心點與帽簷中心點對齊後，車縫固定。

14 完成帽簷的表布與裡布正面相對後，車縫一圈（返口留在帽子後方）。

15 將帽子由返口翻至正面。

16 沿表裡布接縫處邊緣約 0.2cm 處車縫一圈；並將帽簷中心處與帽身車縫固定約 3cm。

17 帽子完成了。

item **14**

立體貓咪圍巾

\\\\ first to do ///
依版型剪下所需的布料

🐾 適穿於頸圍約 30cm 的貓咪

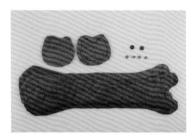

[紙樣 B 面]

材料

表布…40×40 ㎝

刷毛布…大人：110×50 ㎝

　　　…小貓：65×35 ㎝

眼睛裝飾釦…2 個

釦子…1 組

 HOW to MAKE

[1] 縫製貓頭

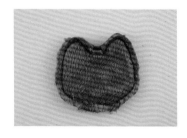

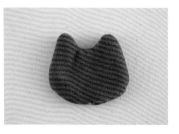

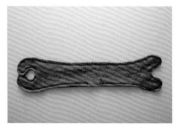

01 依紙型剪下貓頭布後，於貓頭底部預留返口，車縫一圈。

02 將貓頭返至正面，塞入一些填充棉，再將返口藏針縫合。

03 貓身正面相對、預留返口車縫一圈。

[2] 車縫貓身部分

04 車縫完成後，返至正面。

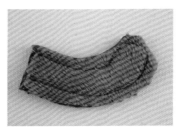

05 依圖示，車縫貓尾巴。

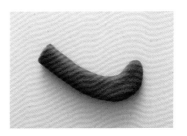

06 車縫完成後，返至正面。

[3] 組合貓咪形狀

07 將貓尾巴藏針縫固定於貓
　　圍巾的記號點上。

08 再將貓頭藏針縫於圍巾記
　　號點上。

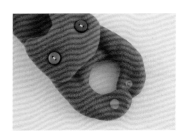

09 於貓咪的左右手掌上釘上
　　四合釦。

10 貓圍巾即完成了。

將尾巴套入手環，
就變成貓咪囉！

item **15**

蘇格蘭斗篷

\\\ first to do ///
依版型剪下所需的布料

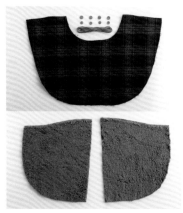

[紙樣 B 面]

🐾 適穿於頸圍約 25～28cm 的貓咪

材料

格紋刷毛雙面布…60×50 ㎝

四合釦…2 組

HOW to MAKE

---

[1] 製作帽子

01 如圖所示,車縫帽子弧線
　　的一邊。

02 再將帽子車縫處拷克起來。

03 將帽子裡布絨毛先往外折
　　1cm、再折 2cm 後,沿絨
　　毛邊緣車縫一道固定。

[2] 帽子與衣服結合

04 將帽子車縫固定於衣服本體上緣。

05 如圖所示,將3cm斜布紋布條車縫於衣服本體上緣1cm處。

06 斜布條先內折1cm後,再往下折1cm,固定於衣服本體上。並沿斜布條邊緣車縫一道。

[3] 下襬拷克並摺車

07 車縫完成的樣子。

08 將衣服下襬拷克起來。

09 再將下襬縫份內折1cm,並車縫固定。

[4] 前襟斜布條包邊

10 如圖所示,用3cm斜布紋布條將衣服前襟包縫起來。

11 前襟完成的樣子。

[5] 加上釦子及毛球

12 釘上四合釦;帽頂亦可加上毛球裝飾。

item 16

無袖和服外掛

\\\ first to do ///
依版型剪下所需的布料

[紙樣 A 面]

🐾 適穿於約 5kg 的貓咪 / 頸圍 28cm、胸圍 48cm

材料

表布…75×32 cm

裡布…75×32 cm

綁帶…30×5cm×2 片

黑色滾邊布…7×80 cm

HOW to MAKE

---

[1] 裡布後片鋪棉

01 在裡布上畫出菱形格紋記
號線。

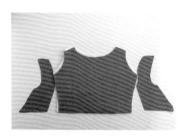

02 裡布後片要鋪薄棉。

03 於裡布後片的表面上依記
號線車縫菱格壓線、固定
鋪棉。

[2] 裡布接縫脇邊

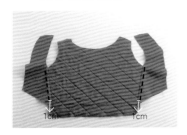

04 裡布後片與裡布左右前襟接縫脇邊。

[3] 表布前襟接縫後片

05 表布前襟與後片接縫脇邊。

06 將布標一起夾車於表布脇邊上。

[4] 表裡布車縫下襬

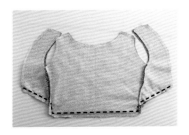

07 表布與裡布正面相對,車縫衣服下襬。

08 脇邊接後片轉彎處只能車縫到點。

[5] 車縫袖口

09 車縫左右袖口並剪芽口。

10 將衣服從返口翻至正面並稍微整燙。

[6] 車縫肩線

11 肩線的表布對表布,裡布對裡布車縫一直線。

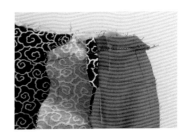

12 車縫完成的樣子。

▶ ▶ next page

[7] 滾邊布車縫

13 將黑色滾邊布固定於衣服正面（兩端預留 3cm）。

14 沿滾邊邊緣 1cm 處車縫一道。

15 車縫完成的樣子。

16 包邊的尾端正面相對對折後，車縫底端縫份 1cm 及側邊 2cm 處（銜接到前襟的底端），夾入棉。

17 疏縫完成的樣子。

18 再沿滾邊正面的邊緣車縫固定，並將布標縫於裡布頂端上。

[8] 加上綁帶，完成

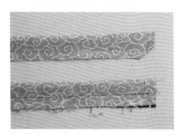

19 車縫綁帶

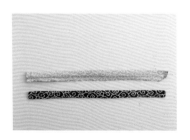

20 轉彎處剪芽口打薄後，再翻至正面。

21 將綁帶車縫固定於前襟內側即完成。

item **17**

青蛙帽

🐱 適穿於頭圍 30cm 的貓咪

\\\ first to do ///
依版型剪下所需的布料 ✂

[紙樣 A 面]

材料

表布…40×26 cm

裡布…40×26 cm

白色不織布…5×10 cm

鬆緊帶…32cm×2 條

裝飾釦…2 顆

[1] 表裡布分別車弧度邊

01 表布與裡布分別車縫中心線的弧度。

02 車縫完成的樣子。

[2] 完成青蛙眼睛

03 眼睛表布車縫完成後翻至正面。白色不織布依紙型剪成圓形。

[3] 眼睛與表布車縫完成

04 以包邊縫方式縫上不織布，加上釦子眼睛；塞入適量的棉花。

05 依紙型記號將眼睛夾車於表布上。

06 正面眼睛完成的樣子。

[4] 表裡布結合，翻至正面

07 裡布也依紙型記號車縫一道。

08 表布與裡布正面相對，如圖車縫上下兩道線，兩端不車。

09 由任何一端將表布翻至正面。

[5] 穿入鬆緊帶

10 兩端開口翻出的樣子。

11 將兩端開口縫份內折。

12 沿前後邊緣約 1.5cm 處，
各自車縫一道線。

13 再由兩端開口塞入鬆緊帶，
於開口處車縫固定鬆緊帶。

14 前後加上鬆緊帶的樣子。

15 於尾端釘上一組四合釦，
完成。

different style !

層層堆疊著的甜甜圈睡窩，
似乎藏著催眠的魔法，
小喵喵們窩進去柔軟舒適的甜甜圈後，
一個個漸入夢鄉，睡得好沈呀！

▶ ▶P112

▶ ▶P116

可調整的俏尾巴杯墊，
不僅可以防滑，吸水力還挺強的呢！
更可愛的是還可以掛起來當裝飾品。

柔軟的布料很會吸水，
背面用的是防滑布，不易拉動，
逗趣的貓屁屁，讓喝水也有好心情。

揮動起來會旋轉跳舞的逗貓魚，
讓貓兒們都睜大了雙眼，
專注地盯著鮮活亮眼的旋轉飛魚兒，
看他們開心飛奔追逐著逗貓魚的模樣，
應該是貓奴最幸福的時刻吧！

▶ ▶ P114

進入飛鼠期的貓孩子是天使也是惡魔！
玩累了，就愛依偎在一如媽媽懷抱的外出包邊邊呀！

▶ ▶ P107

item 18

外出奶貓透氣包

🐾 尺寸＝ W37×D16×H28cm

\\\ first to do ///
依版型剪下所需的布料

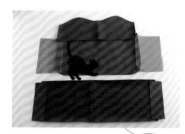
表袋所需
材料

裡袋所需
材料

拉鍊口布
所需配件

[紙樣 B 面]

材料

紅色石蠟帆布…60×56 ㎝

藍色石蠟帆布…40×56 ㎝

防水布…60×100 ㎝

網布…14×72 ㎝

[1] 製作外口袋

01 依紙型記號，將表袋外口袋的藍色裡布與表布 A 車縫起來。

02 如圖修剪芽口。

03 將外口袋裡布翻至背面，並沿袋口車縫裝飾固定。

[2] 表布 A、B 接縫

04 再將外口袋的另一片紅色裡布與藍色裡布，接縫底部及左右兩側。

05 表布 A 與完成外口袋之表布 B 接縫，縫份往 B 表布倒後再壓線固定。

06 依紙型所附之貓咪形狀描剪麂皮，車縫固定於表袋上。

[3] 表袋底與網布接縫

07 袋身另一面的表布 A 與 B 也接縫及壓線固定，並依圖所示車上布標。

08 表袋底 C 兩側與側邊網布 D 接縫。

09 縫份倒向表袋底 C，並壓線裝飾固定。

[4] 組合成袋型

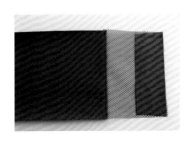

10 再將表布 E 與網布 D 接縫。

11 縫份往表布 E 倒後再壓線裝飾固定。

12 完成的表袋底側，與袋身前後片接縫成袋型。

[5] 裡袋底接縫網布

13 依紙型記號將提把車縫固定於表袋正面。

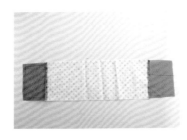

14 裡袋底 C 兩側與側邊網布 D 接縫完成。

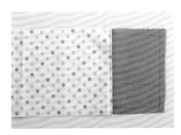

15 縫份倒向袋底 C 並壓線固定。

▶ ▶ next page

16 完成之裡袋底側與裡布Ａ
接縫。

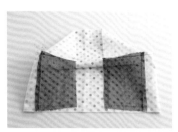

17 接縫完成的樣子。

18 再將另一側裡布Ａ接上，
並於袋底預留返口，裡袋
完成的樣子。

[6] 拉鍊口布包縫織帶

19 兩片拉鍊口布網布Ｆ的一
側包縫人字織帶。

20 完成人字織帶的口布。

[7] 加上拉鍊

21 將雙頭拉鍊黏貼於人字織
帶背面。

[8] 拉鍊口布接縫裡袋

22 再沿織帶邊緣靠拉鍊的地
方車縫固定。

23 將完成的拉鍊口布與裡袋
如圖所示的接縫起來。

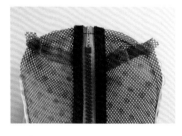

24 拉鍊口布與裡袋側邊接縫
起來的樣子。

[9] 兩片口布 E 接合

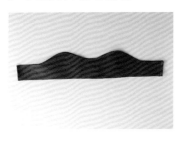

25 將兩片口布 F 的兩側接縫
起來。

26 縫份倒向兩側，並壓線裝
飾固定。

[10] 口布 E 接縫裡袋

27 如圖所示，口布 F 與裡袋
接縫起來。

[11] 表裡袋結合

28 縫份倒向口布 F 之後再壓
線固定。

29 表裡袋正面相對後，車縫
袋口一整圈。

30 袋身返至正面後的樣子。

31 沿袋口邊緣約 5mm 處壓縫
一圈，即完成外出袋。

item 19

⊛ 好想窩著的甜甜圈

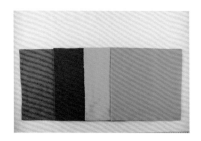

\\' first to do '/
依版型剪下所需的布料 ✂

材料

布…30×30 ㎝×4 片

棉花…適量

HOW to MAKE

[1] 連接所有布料

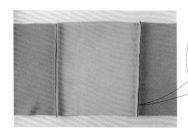

01 將四片布一一連接車縫。

02 車縫成一圈。

[2] 翻轉布料

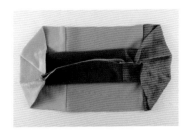

03 參考 P000 蝴蝶結領圈的作法，將甜甜圈車縫起來。

04 開始車縫。

05 再由返口將布料返至正面。

[3] 塞入棉花整理形狀

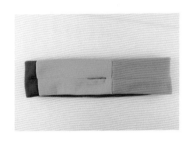

06 返至正面的樣子。

08 塞入棉花後，再將返口藏針縫合。

09 甜甜圈貓窩完成了。

item 20

魚骨逗貓棒

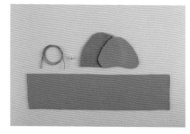

[紙樣 B 面]

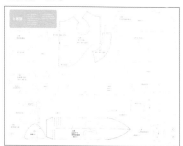

材料

魚身體…11×45 ㎝

魚頭…8×15 ㎝

棉繩…約 40 ㎝

鈴鐺、鈕釦…各 1 個

 HOW to MAKE

[1] 剪出羽毛狀

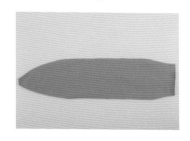

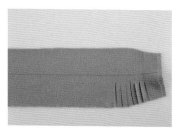

01 大約裁剪 40x12cm 布條，
   尾端如圖修剪成魚尾狀。

02 畫中心線後，再如圖剪出
   約 1cm 寬的羽毛狀。

03 中心線兩側剪成羽毛狀的
   樣子。

[2] 縫製魚頭塞入棉花

04 在魚頭布頂端處放入約
40cm 的棉繩，於底端預留
返口後車縫一圈。

05 將魚頭返至正面後，塞入
適當的填充棉花。

[3] 接合魚身與魚頭

06 將羽毛狀的前端捲成圓柱
狀後，縫合固定圓柱狀。

[4] 裝飾細節

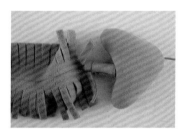

07 將圓柱狀塞入魚頭返口處
並縫合固定。

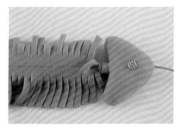

08 縫上魚眼睛。

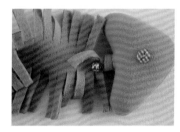

09 再縫上鈴鐺。

10 魚身完成。

11 將繩子一端綁上木棍即完
成。

item **21**

俏尾巴防滑杯墊

\\\ first to do ///
依版型剪下所需的布料

[紙樣 B 面]

材料

仿麂皮毛布…30×36 ㎝

裝飾絨球…2 顆

軟鐵絲…1 段

[1] 車縫杯墊

01 將貓咪布正面相對,預留底部返口車縫一整圈。

02 弧度轉彎處必須剪芽口。

03 由返口翻至正面的樣子。

[2] 加上裝飾小物

[3] 穿入隱藏的鐵絲

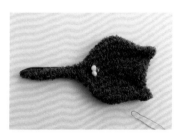

04 於絨毛面靠近尾巴的地方縫上蛋蛋及小菊花。

05 將軟鐵絲兩頭內折 2cm 後,再由底部塞入軟鐵絲到貓尾巴處。

06 利用針線固定鐵絲尾端於布料上,並縫合返口。

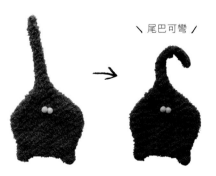

＼ 尾巴可彎 ／

背面為防滑布。

喵星人的裁縫師

舒適剪裁＋超有型設計，小貓到老貓的完美穿著提案

作　　者	葉慈慧
攝　　影	王正毅
美術設計	謝佳惠
特別感謝	搖滾貓宅
社　　長	張淑貞
副總編輯	許貝羚
編輯協力	陳安琪
行銷企劃	曾于珊

發 行 人	何飛鵬
事業群總經理	李淑霞
出　　版	城邦文化事業股份有限公司　麥浩斯出版
地　　址	104 台北市民生東路二段 141 號 8 樓
電　　話	02-2500-7578
傳　　真	02-2500-1915
購書專線	0800-020-299
發　　行	英屬蓋曼群島商家庭傳媒股份有限公司城邦分公司
地　　址	104 台北市民生東路二段 141 號 2 樓
電　　話	02-2500-0888
讀者服務電話	0800-020-299（9:30AM~12:00PM；01:30PM~05:00PM）
讀者服務傳真	02-2517-0999
讀這服務信箱	csc@cite.com.tw
劃撥帳號	19833516
戶　　名	英屬蓋曼群島商家庭傳媒股份有限公司城邦分公司
香港發行	城邦〈香港〉出版集團有限公司
地　　址	香港灣仔駱克道 193 號東超商業中心 1 樓
電　　話	852-2508-6231
傳　　真	852-2578-9337
Email	hkcite@biznetvigator.com
馬新發行	城邦〈馬新〉出版集團 Cite(M) Sdn Bhd
地　　址	41, Jalan Radin Anum, Bandar Baru Sri Petaling,57000 Kuala Lumpur, Malaysia.
電　　話	603-9057-8822
傳　　真	603-9057-6622

製版印刷	凱林彩印股份有限公司
總 經 銷	聯合發行股份有限公司
地　　址	新北市新店區寶橋路 235 巷 6 弄 6 號 2 樓
電　　話	02-2917-8022
傳　　真	02-2915-6275
版　　次	初版一刷 2016 年 6 月
定　　價	新台幣 360 元 / 港幣 120 元

國家圖書館出版品預行編目（CIP）資料

喵星人的裁縫師 / 葉慈慧著 . -- 初版 . -- 臺北
市：麥浩斯出版：家庭傳媒城邦分公司發行，
2016.06
　面；　公分
ISBN 978-986-408-178-3(平裝)

1. 縫紉 2. 貓 3. 寵物飼養

426.3　　　　　　　　　　105009398